UNREAD

荣格

SHADOW
Carl Gustav Jung

阴影

与

自我

〔瑞士〕荣格——著
陈东曦——编译

北京联合出版公司
Beijing United Publishing Co.,Ltd.

目录

编者按   001

综述　与阴影共生   017

阴影与人格   027

阴影与面具   037

阴影与心理   045

阴影与自我   057

阴影与治疗   069

后记   077

尾声   083

附录1：荣格八种性格类型说   089

附录2：荣格小传   117

参考文献   127

编者按

光、影与我们的心灵

哪里有光,阴影便会在哪里出现,而人格也是如此。我们向世人展示自身美好一面(如外出时总是喜欢打扮得比平时更漂亮)的同时也把自己的某些特征隐藏了起来。这种关于光与影的隐喻,也是荣格心理学的两个相互制约的概念:人格面具和阴影。

人格面具(Persona):符合外界期望的部分

阴影(Shadow):为迎合外界期望而压抑的部分

阿尼玛和阿尼姆斯(Anima & Animus)

阿尼玛:男性心灵中的女性意象

阿尼姆斯:女性心灵中的男性意象

自身(Self):心灵的核心,包含潜意识和意识两

部分

自我（Ego）：心灵的意识层面

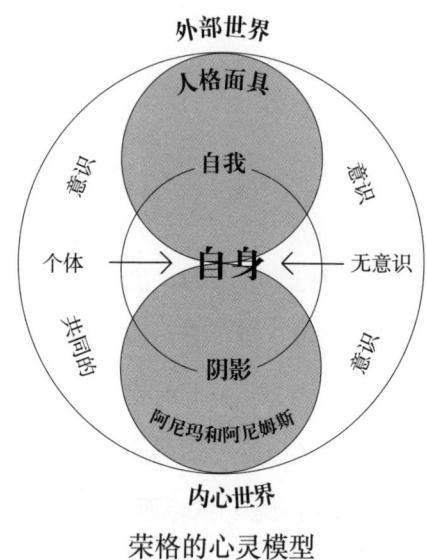

荣格的心灵模型

阴影（心灵的阴暗面）是瑞士精神病学家和精神分析学家卡尔·荣格在1912年提出的一个具有重要意义的心理学概念。之后他用不同的说法来表达阴影的概念，诸如"受压抑的自我""负面人格""潜藏另一性别的人格特质""第二自我""次人格"等。

什么是阴影

阴影是指个体或集体无意识中包含的负面特征，它可以用来描述我们压抑的思想、感受、冲动，我们自己不喜欢的部分、不愿承认的负面情绪（恐惧、嫉妒、愤怒、虚荣、悲伤、焦虑等）和行为、隐藏的一面等，这些负面特征往往被压抑在内心深处，成为我们的潜意识。这些被压抑的部分将影响我们的行为和情绪状态。阴影需要被面对、接纳并理解，以便于实现内心的平衡，探索阴影对个人成长以及认识自我的过程至关重要。

阴影有哪些特点

- 阴影是我们内心深处的一部分，它代表着我们不受约束的自我，但我们往往不愿承认它的存在。

尽管我们试图将其驱逐或否认，但阴影始终是我们潜意识中难以摆脱的一部分。

- 阴影主要由原始的、消极的人类情感和冲动所构成。所有那些我们不接受或不能接受的东西，都可以被视作我们的阴影。因此，从本质上讲，阴影是无法被定义的。
- 我们往往觉得别人的阴影很有趣，而自己的阴影却很讨厌。这就像揭开别人的伤疤，自己并不会感到疼痛一样。阴影反映了自我期待与真实自我之间的矛盾。
- 阴影需要被感受并接纳，而不是被压抑或否认。它会被投射到他人身上。只有当别人也拥有我们的阴影时，投射才会发生。
- 虽然阴影常常被视为消极的，但它也包含了生命力和创造性。真正的目标不是打败阴影（负面的人格），而是将其与人格的其余部分结合起来，实现内在的和谐与平衡。
- 当我们意识到自己的阴影时，可能会感到羞愧。但现在的人们越来越能够坦然面对自己的阴影，不再觉得有什么难堪。承认并接纳阴影的存在，可以帮助我们更好地理解和整合自己的人格。

- 虽然我们可以谈论自己能意识到的阴影，但我们无法准确识别别人阴影里所包含的内容。具有阴影的人不仅会将阴影投射到被压抑的个性特征上，还会投射到被压抑的所有方面。
- 在社会中，一个人的人格面具越多，他就越对掩盖阴影感兴趣。当我们发现自己难以接受的阴影出现在别人身上时，我们就会特别愿意去揭露它。这是因为他们可能表现出了属于我们的阴影，而我们自己是不敢表现它的。
- 阴影问题是不可能被彻底解决的，因为我们会不断地产生新的阴影。然而，通过接纳和理解自己的阴影，我们可以实现人格的完整和内心的平衡。

阴影的来源

从阴影的来源上看，一般来说包括个体阴影、文化阴影（被社会拒绝、憎恨或忽视的内容）、集体阴影（每个人都有，来源于生物遗传和文化遗传中的本能和经验）和原型阴影（来源于集体无意识的原型或神话领域）等。个体阴影就是我们在努力适应规范和期望的过程中形成的。例如，在我们成长过程中，会受到某些道德规范和行为的限制，使我们不得不压抑自己的情感和行为，被压抑和被自我意识拒绝的部分便成为阴影。同时，个体不可避免地会受到其他阴影的作用，如来自家庭的阴影、团体的阴影或者国家的阴影。

阴影（阴影工作）有哪些意义

- 在个体层面上，阴影接纳能够带来内心的平静，使我们坦然面对自己的局限性。不仅能培养出强烈的同情心，更能展现出理性和客观的思维方式。

- 接纳阴影可以帮助我们减少对生活的恐惧，让我们以更现实的态度对待自己和他人，从而减少自恋情绪的影响。
- 接纳阴影意味着承认自己正在经历转变，这为我们提供了更多生活的可能性。
- 对阴影的整合可以使一个人更接近自己的整体。
- 接纳阴影，我们可以更深入地了解自己，知道自己在哪些情况下会产生破坏性的行为和思想。
- 处理阴影可以提高我们的自我认知和情商，对自己和他人有更多的宽容，更少虚伪。
- 处理阴影可以改进我们的人际关系，消解偏见，增进沟通和理解，并减少心理疾病。
- 通过认识阴影，发现生活、工作、情感中有毒的存在，进而规避并纠正。
- 处理阴影能帮助我们获得更多的勇气和信心去面对未知。

如何发现你的人格阴影

发现自身的人格阴影有很多种不同的方式,以下方式仅供参考。

1.找到情绪的触发因素

阴影在强烈的情绪(如羞耻、内疚、不满)中往往会体现得更加明显,你需要记住这些感觉,并试着了解它们产生的原因。那些让你自动做出反应,没有选择意识的部分就是你的阴影。它们可能是一句话、一种人、一种行为,甚至是一个地方。任何让我们感到不快的事情,都能让我们了解自己。

2.发现投射

投射是指我们无意识地将自己的某些方面强加给他人。比如,当我们对某个人的品行产生强烈的反感时(包括敬佩的同时又厌恶),你所反感的这部分,实际上是我们自己不愿承认的阴暗面在作祟。你可以列出自己积极的品质，然后找出它们的对立面，如果你把自己标榜成一个自律勤奋的人，那么懒惰就可能是你藏匿起来的阴影。

3.总结规律与模式

回顾过去的经历、关系和情绪反应，可以帮助你发现那些反复出现的模式和主题。进而理解自己为何会反复被同类事件所伤害或吸引，总结这些规律与模式，可以更好地发现自己的阴影，并找到应对方法。

4.探索童年及过去

回想一下自己的童年，反思你经历中的重要生活事件，找出那些你渴望但未被解决的事情、问题及创伤，未满足的愿望。例如，自己曾经遭受过的冷遇，自己表达愤怒的方式，被自己隐藏起来的秘密……

5.留意梦境

有意尝试回忆并记录你的梦，分析你梦中反复出现的意向、情感和主题。

此外，要接近自己的阴影，你还可以培养以下心态。

- 勇敢且诚实：面对自己的阴影需要莫大的勇气，诚实地看待自己的态度、行为、情绪和阴暗的想法，是阴影工作起作用的先决条件。
- 自我同情：如果你在犯错时过于苛责自己，那么面对自己的阴影将会变得困难。
- 自我意识：看到阴影需要具有强烈的自我反省，要善于反省和观察我们的行为、想法和感受。

什么是阴影工作

阴影工作主要是指通过触发（回忆、社交、感受自己的情绪等）的方式，让自身的阴影显现出来，从而正确地认识并处理它们，阴影工作是一个使潜意识产生意识的过程。

如何处理你的阴影

我们大多数人之所以坚决地否认阴影,是因为担心它有可能会损害我们的声誉。然而,把自己的阴影掩盖起来,往往会有被操纵的危险。我们必须在情感和意识上,把阴影当作一种生命活力去体验和感受,我们不能有想做一个"完人"的想法。

• **认识和接纳**

首先,我们必须先克服对阴影的本能恐惧,才能识别出它们,阴暗面往往通过阴暗事物触发。例如,当我们不受控制时,可以问问自己"我为什么会有这样的反应",从而避免无意识地触发某种行为。要直面自己的阴影,将它们看成是自身不可分割的一部分,而不是将它们一直压抑着。正如荣格所指出的,除非我们正视不良行为,否则我们无法纠正它们。

- **质疑、表达和释放**

一旦我们发现了阴影（心理）被触发的原始因素（如恐惧、焦虑、悲痛等），就可以开始整合自己受伤的那些部分。我们可以通过写作、绘画等艺术表达以及情感表达等方式来释放阴影，降低它对我们行为和情绪所造成的影响。我们也可以通过想象或写日记等方式与内心对话，将阴影整合到我们的意识当中。

- **与他人建立有效的联接**

疼痛可以催生力量和恢复力。我们可以将自己的阴影分享出来，并与他人沟通，进而相互理解。我们真正的目标不是打败阴影，而是将它与人格的其他方面结合起来。

总体来说，当我们发现阴影行为时，往往会以生气或者愤怒来防卫，阴影不会自行消失，但我们可以自行调整，把无意识中的阴影变成有意识的行动，我们的目标是在日常生活中获得这种能力，并通过以上过程来处理它们。阴影承载着我们不想触碰或不喜欢的所有部分，也正是因为如此，使阴影与我们的意识建立联接，并承认它将成为自我治愈的重要一环。

你是否注意到，同样的问题总是反复出现？每一份工作的上司都同样讨厌？感情总是以相同的方式结束？在抚平深层的伤痛、仔细思考某件事的教训之前，我们往往会在生活中重复上演相同的糟糕戏码。究其本质，是因为我们任凭阴影自我发号施令，自己不再主动决断。

阴影的整合需要一步一个脚印，在每个时刻、每段经历、每次教训中慢慢实现。当你在对情况做出反应之前，深呼吸，停下来，花几秒钟的时间思考，你就在整合阴影。当我们看见阴影、接纳阴影的存在和它对我们的现实所产生的影响，生活就会变得更好。这就叫作整合。只有真正接受和拥抱我们自身的全部，整合才会发生。

综述
与阴影共生

毫无疑问，人类总体上并没有自己想象或想成为的那么好。每个人都有阴影，它在个人意识中体现得越少，它就越黑暗、越密集。如果自卑是有意识的，人们总有机会纠正它。此外，这些负面人格不断与其他利益联系在一起，因此它不断地受到修正。但如果它被抑制并与意识隔离，它就永远得不到纠正。

——卡尔·荣格，《心理学和宗教》

我的生命历程是一个无意识自我实现的故事。

在无意识中，一切都在寻求外在的表现，人格也渴望从无意识状态中发展起来，并作为一个整体来体验自身。

在我选择使用"阴影"（shadow）这个词来描述性格因素时，我认为我已经为它找到了一个贴切的名称。在文明的层面上，这一性格因素被视为个人的"失态""失误""失礼"等，而这些又往往被归咎为意识人格的缺陷。

意识往往容易受到无意识的影响，这些影响可能比我们的有意识思考更为真实和明智。同样常见的是，无意识的动机在很大程度上支配了我们的有意识决定，尤其是在重要的事情上。事实上，个体命运在很大程度上是由无意识因素所决定的。

在正常情况下，无意识与意识是和谐共存的，彼此间没有摩擦或者干扰，人们甚至没有意识到无意识的存在。然而，当个体或者社会团体偏离其本能基础过远时，他们就会感受到无意识力量的全面影响。无意识的合作是智识性的、有目的的，即使是在它作为意识的对立面时，它的表达依旧以一种智识的方式具有补偿性，如同它是在设法恢复业已失去的平衡。

我已经说过，与潜意识的对抗通常是在个体的潜意识领域内开始的，也就是在个体获得内容的领域内开始的，这些内容构成了阴影，并由此导向代表集体潜意识的原型象征。对抗的目的是要消除分离。为了实现这个目标，本性或医学干预都会促使对立物的冲突发生，如果没有这些冲突，就不可能有结合。这不但意味着要将冲突带入意识中，还包含着某种特殊的体验，即对自身之中不相容"他者"的承认，或对另一种意志客观存在的承认。

人并不通过想象光明人物来获得启示,而是通过使黑暗意识化来实现。然而,由于这个过程不符合人们的期望,因而并不流行。从心理学上讲,这意味着在第一次与自性相遇时,所有负面的特质都可能出现,这几乎可以视为与潜意识的一次不期而遇的交会。危险在于,潜意识引发了一场洪水,如果意识心灵不能在理智上或道德上同化入侵的潜意识内容,那么在糟糕的情况下就会引发精神病症。

大部分人认为"自我认知"仅限于对可意识到的自我的认知。一个有自我意识的人会想当然地认为自己是了解自己的。然而,自我只能了解自身的表面内涵,而对潜意识及其深层内涵却一无所知。人们通常通过人在社会环境中对自己的了解来衡量自我认知,而不是根据隐藏在真实精神层面的东西。在这方面,精神与人体其他生理和组织结构一样,常人对它的了解非常有限。尽管人们生活在精神构造中并与之并存,但作为普通人，他们对其一无所知。因此，需要有专门的科学知识来帮助意识了解那些已知的身体结构，更不用说那些未知但同样存在的结构。

对自我认知的问题，只有当人们愿意进行严格的自省、自知以满足这一需求时，才能获得积极的答案。通过这样的方式，人不仅能够发现一些关于自身的关键真相，还能获得一种心理优势，即成功地认为自己值得被关注，并因此获得别人的同情和兴趣。

诚然，无论是谁看向水面，首先映入眼帘的都会是自己的脸。无论是谁亲自去观察，都可能面临与自我对峙的危险。镜子不会阿谀奉承，它真实地反映出映照其上的一切，也就是说，会映照出我们用人格面具——演员的面具遮掩了的、从未向世人展示过的那张脸，镜子位于面具之后，映照出我们真实的面貌。

这一与自我的对峙是精神对内心之道的首次考验，它足以令多数人望而却步，因为面对真实的自己是一件尤为痛苦的事。只要我们可以把所有负面的事物投射到环境之中，它们便可以被驱避。然而，如果我们能够直面自己的影子，能够忍受对它进行了解，那么问题就已经解决了一部分：至少我们已经触及了个人无意识。

阴影是我们人格中活生生的一部分，因此我们希望以某种方式与之共存。我们不能否认它的存在或者将其合理化为无害之物。这个问题非常棘手，因为它不仅对人类进行了全方位的挑战，还使我们意识到自己的无能与无力。强烈的天性——或许我们应该称之为软弱？不喜欢被提醒这些，而是更愿意把自己想象为超越善恶的英雄，更愿意快刀斩乱麻，而不是简单地打开纠结。

然而，总会有清算的一天。最终人们不得不承认，许多问题无法仅靠个人力量解决。这种承认具有诚实、真实、符合现实的优点，从而为来自集体无意识的补偿性反应储备了空间：人们现在更倾向于关注有益的想法或者直觉，或者关注以前未曾被允许表达的思想。也许人们会关注在这样的时刻造访他们的梦境，或者反思此时发生的某些内在及外在的事件。如果人们有这样的态度，那些休眠于更深层的人类天性中的种种有益力量就会苏醒过来并介入其中，因为无能与软弱是人类的永恒经验与问题。对于这个问题也有一个永恒的答案。不然人类早就灭亡了。当人们已经做了所有可以做的事情后，唯一剩下的便是人们依然可以做的事情，前提是人们知道它。然而，我们对自己了解多少呢？从经验来看，非常少。因此，无意识仍然有很大的空间。

我们是一种我们所无法控制的或只是部分地有能力加以引导的精神过程。因此，对于我们自己或我们的生命，我们无法做出任何终极性的判断。如果我们能够做到，那我们就会无所不知——但这只是一种自以为是的借口罢了。在心底深处，我们是绝不会明白这一切到底是怎么回事的。一个人的生命故事始于某处，始于某个我们碰巧记得的特定的某一点，而且甚至就在那时，它就已经是高度复杂的了。我们并不知道生命的结果将会是什么。因此，这个故事没有明确的开头，而其结局也就只能含糊地加以暗示。

人生是一种令人怀疑的实验。它只有在数字上才是一种极大的现象，对个人来说，生命是如此短暂，如此不充裕，因此，它竟然能够存在发展，这不得不说是一种奇迹。这一事实在很早之前，即在我作为医科大学的学生时便给我留下了深刻的印象，而我竟逃过了早夭这一劫，这在我看来实在是奇迹。

我一直认为，生命就像依赖根茎来维持自己的植物。它真正的生命是看不见的，是深藏于根茎处的。露出地面的那一部分生命只能延续一季，然后凋零——真是个短命鬼。当我们思考生命与文明那永无休止的生长和衰败时，我们实在无法不怀有人生短暂且虚幻如梦之感。但我心中始终有一种意识，在无尽的流转中，存在一种永不消逝的力量。我们看见的是花朵，它终会凋谢，但根茎，却永恒不灭。到了最后，在我一生中唯一值得讲述的，是那些使永恒世界融入这个转变性世界的事件。这也是我为何更倾向于分享内心体验的原因。

我很早就已经顿悟到，对于生活的种种问题及复杂性，如果内心无法找到答案，那么它们最终只会显得微不足道。外在性的事物根本无法替代内在的体验。因此，我的一生在外在性事件方面是极度匮乏的。对于它们，我没什么话可说，因为它们在我看来是空洞而不具体的。我只能通过内心发生的事情来理解自己。正是这些事件，塑造了我独一无二的一生。

阴影与人格

除非你学会面对自己的阴影，否则你将继续在别人身上看到它们，因为外在的世界只是你内心世界的反映。

——卡尔·荣格

我一向知道自己具有双重性格。一方面，我是父母的儿子，这个人上学读书，不够聪明，但专心致志，学习勤奋，比其他男孩子穿得整齐干净。另一方面，我是个大人——也可以说是个老人——多疑，不轻信，远离世俗，但接近大自然，接近地球、太阳、月亮、天气和所有生物，更重要的是接近黑夜，接近梦，接近"上帝"直接作用于其身上的各种事情。

第一种人格和第二种人格在我的生命中相互交织，但这与"分裂人格"或医学意义上的精神分裂毫不相干。此外，这种双重性在单一个体中，是没有什么用的。我这一生，第二种人格对我尤为重要，而我总是尽力为内心深处涌向我的一切腾出空间。第二种人格是一个极具代表性的人物，但只有极少数的人才能真正理解并认识"他"。大多数人所具有的理解力不足以认识到"他"与自己的共同之处。

　　大约就在那个时候，我做了一个梦，这个梦让我既惊恐又充满了力量。在梦中，我身处一个未知的地方，四周一片漆黑，我顶着狂风艰难前行，浓雾四处飘散。我将双手聚拢成杯状护着一盏小灯，这盏灯似乎随时都会熄灭，一切都取决于我能否保住它。突然，我觉得背后有个东西正在向我靠近，我回头一看，一个无比硕大的黑色人影正跟在我身后。虽然我很害怕，还是清醒地意识到，尽管存在各种各样的危险，但我必须护住这盏小灯，以便度过这个狂风之夜。当我醒来时，我立刻意识到那个黑色人影就是"布罗肯峰的鬼魂"，亦即我自己的影子，在这盏小灯的照射下被投射到飘散的浓雾之上而形成的。我也意识到，这盏小灯就是我的意识，这是我拥有的唯一一盏灯。我意识到，我的理解力是我拥有的唯一财富，而且是我最大的财富。尽管这盏灯看似微小且脆弱，但与黑暗力量相比，它仍然是一盏灯，我唯一的一盏灯。

这个梦境给了我很大的启示。我现在明白，我的第一人格就是那个提灯的人，而第二人格则像一个影子始终跟随其后。我的任务是守护那灯，并避免回头看向那永恒的生命力，它显然属于一个被不同光芒所照耀的、禁止人们涉足的世界。我必须迎着风暴前进，而风暴则竭力想要把我推回到无尽的黑暗中，在这个世界里，人们除了背景中各种事物的表面，什么也意识不到。在第一人格角色中，我必须前进——学习、赚钱、承担各种责任、面对各种困扰和头脑不清、犯很多错误、经历各种挫折和失败。把我向后推的风暴是时间，它不停地向过去流逝，并紧紧跟在我们身后。它产生巨大的吸力，贪婪地吞噬着一切有生命的东西，我们只有艰难地前行，才能暂时摆脱它的魔掌。过去是可怕的、真实存在着的，谁要是不能以满意的答案来保全自己，它就把谁死死抓住。

我清楚地知道，我必须将第二人格置于脑后，无论在哪种情况下，我都该自觉否认它或宣称它对我是无效的，但这无异于自我残害，并且还会使我失去解释梦境起源的可能性。毫无疑问，在我心中，第二人格与梦的产生有着某种联系，我轻易地认为它拥有必要的更高理智。然而，我感觉自己越来越与第一人格相融合，这种状态反过来又证明我只是更富有理智的第二人格的一部分。因此，我又觉得自己与它不再是同一的了。它的确是一个鬼魂，一个精灵，能够与黑暗世界抗衡并立于不败之地。这是我在做这个梦之前所不了解的东西，而且甚至就在此时回想起来，我也只是模糊地意识到了它而已，尽管我绝不怀疑自己在情感上是认识它的。

无论如何，我和第二人格之间产生了分裂，我被分派给了第一人格，并在某种程度上与第二人格分离，可以说第二人格获得了独立的人格。我没有把这与任何肯定个性的想法联系起来，且这种个性是一个"鬼魂"所可能具有的，这种可能性在我看来并不奇怪，毕竟我是在乡下长大的。在乡下，人们根据情况的不同，是相信存在"是同时又不是"这样的事物的。这个"鬼魂"唯一明确的特征是其具有历史性，即在时间上有延伸性，或者更确切地说没有时间性。当然，我并没有用这么多的话来告诉自己这一点，也没有对其存在空间形成任何观念。在我第一人格存在的情况下，它起到了一个重要元素的作用，虽然从未明确界定，但始终存在。

虽然人类拥有自己的个人生活，但在很大程度上，我们却是集体精神的代表、牺牲者和促进者，其岁月以世纪为单位来计算。我们可能终其一生都认为自己的行为是出于本能，而从未意识到，大多数情形下，我们不过是世界戏剧舞台上的配角，我们的生活不自主地受到种种因素的影响，而这些因素往往并不为我们所觉察，其影响程度也更加深远。

因此，我们的生命有一部分跨越了多个世纪——这一部分，我称之为"第二人格"。它并非个人的一种玩物，而是由西方宗教所证实和揭示的存在。这种宗教明确地将自身施加到这个内在的人的身上，并在长达两千年的时间里，始终致力于让他认识到我们带有个人先入之见的表面意识，"无须到外面去找，真理就潜藏在这个内在之人的身上"。

精神疾病的背后，隐藏着一种人格、一段生活历程、一种希望或欲望表现形式。如果我们无法理解它们，那么问题出在我们自己身上。此刻，我突然第一次明白过来，人格的普遍心理，是潜藏在精神病之内的，甚至就在这里，我们仍会遇到人类自古以来所面临的种种矛盾与冲突。尽管病人可能表现得麻木不仁甚至悲怆，或者完全像个白痴，但他们的思想却仍在活跃地跳动着，其中蕴含的意义远比表面上看起来的要丰富得多。从本质上讲，在精神病中我们并没有发现什么全新的或者完全不了解的东西，相反，我们遇到的是他们自身本性的基础。

对我来说，我的自我在任何情况下都是非常难于掌握的。首先，我知道它具有两个互相矛盾的方面，即第一人格和第二人格；其次，在这两个方面中，我的自我是极其有限的，受自欺、错误、情绪、感情、冲动、罪恶等各种可能性的制约。在这种情形下，自我所遭遇的失败要远远比胜利多，我的自我是幼稚的、虚荣的、自私的、轻视他人的、贪婪的、渴求他人之爱的、不公正的、敏感的、懒惰的和不负责的……更令我失望的是，它缺少我所羡慕和妒忌的他人所拥有的众多美德和才华。

在不断的探求中，我最终获得了一个重要发现，那就是叔本华，叔本华是第一个揭示这个世界痛苦本质的人，他观察到痛苦的触目惊心、无处不在，他还谈到了混乱、情欲与邪恶——这些都是其他人似乎从未注意到或者总是极力将其纳入无所不包的协调和可理解性里的元素。他敢于承认在宇宙中，并非一切都是向善的。他既不强调造物主的智慧与仁慈，也不强调宇宙的协调与和谐，相反，他直接指出，在人类充满悲伤的历史进程里及残酷无情的大自然中，隐匿着一个根本的缺陷：创造世界的意志是盲目的。这种观点不仅在我早期对因病而缓慢死去的鱼、许多狐狸、冻僵或饿死的鸟的观察中得到了印证，而且还在被鲜花盛开的草地里所掩盖的各种无情悲剧所证实：蚯蚓被蚂蚁折磨死，昆虫互相把对方撕成碎片，等等。与人的交往也让我明白，人性并非只有单纯的善良和正直。由于我对自己有深入的了解，因此我很清楚，我实际上只是正在逐渐地将自己与动物区分开来。

阴影与面具

了解自己的黑暗,是应对他人黑暗的最佳方法。

——卡尔·荣格

直面自己首先是直面自己的阴影，阴影是一条狭路，一道窄门，其痛楚的挤压让所有步入深井的人无一幸免。然而，人们必须学会认识自己，以便知道自己是谁。

在意识领域，我们是自己的主宰，似乎是"主因"自身。我们若是跨过那道阴影之门，就会惊恐地发现自己是未曾谋面的主因的客体。这种认知无疑令人沮丧，因为没有什么比知道自己无能为力更令人感到幻灭。

众所周知，性别取决于雄性或雌性基因的多数，具体取决于实际情况。然而，属于另一种性别的少数不会完全消失。因此，每个男性身上都存在一个无意识的女性形象，这通常是他并不完全了解的事实，我想大家都知道我把这个形象称为"阿尼玛"。而每个女性的无意识中则潜伏着一个男性人格,这个形象叫作"阿尼姆斯"。

如果直面阴影是个人成长过程中的练习,那么直面阿尼玛就是大作。我们和阿尼玛打交道时,实际是在和以前尚未被人类完全理解的心理事实打交道,这些心理事实,往往出现在人类精神范畴之外,例如以投射的形式。作为儿子,阿尼玛隐藏在其母亲的支配性权力之中,有时候,她会给他留下持续一生,并严重影响其成年后命运的情感依恋。另一方面,她也可能激励他实现飞跃。

由阿尼玛或阿尼姆斯引发的附身状态,会呈现出另一种景象。首先,人格的转变凸显了代表男女异性的特征,在男人身上表现为阴柔的特征,在女人身上表现为阳刚的特征,在附身状态下,这两种形象都失掉了自身的魅力与价值。只有在他们处于孤立隔绝、内省的状态中,以及作为通往无意识的媒介时,他们才能保持魅力与价值。当阿尼玛被转向世界的时候，她变得善变、任性、忧郁、失控、情绪化，间或带有恶魔的特质，冷血、阴险、背叛、放荡、狡猾、诡秘。阿尼姆斯是顽固不化的，坚守原则、制定规矩、独断专行、改变世界、理论化、吹毛求疵、好争执、爱支配人。阿尼玛和阿尼姆斯相似的地方是都有不良品行：阿尼玛让自己被自卑之人环绕，而阿尼姆斯让自己受二流思想欺骗。

人格发生转变并不罕见。目前我们所讨论的人格变化，并不是指放大或者缩小，而是指一种结构变化。结构变化最重要的一种形式是附身现象，即某些内容、观念或部分人格，由于各种原因获得了对个体的控制。因此，这些附身的方面会表现为异乎寻常的信念、奇怪的行为、坚定不移的计划等，通常不容纠正。假如有人试图解决这种状况，他必须是附身者的亲密朋友，并愿意承受一切。我不想划分出附身与偏执之间的严格界限。附身可以被理解为自我人格对某种情结的认同。

这种情况的共同点是对人格面具的认同。人格面具是个人适应世界时认同的价值观或应对方式。例如，每种职业或专业都有其独有的人格面具。

其他因素也可能导致附身，其中最重要的一点是"自卑感"。此处不是深入讨论这个问题的地方，我只是想说，自卑感实际上等同于人格的黑暗面。依附于人格的黑暗面是进入无意识世界的门户，是梦境的通路。那里有两个模糊的影子，阴影和阿尼玛，它们潜入我们的暗夜，或隐藏起来，支配着我们的自我意识。一个被阴影支配的人站在自己阳光之下的同时，也会掉进自己的陷阱。只要有可能，他更倾向给他人留下不愉快的印象。最终，他霉运不断，因为他活在自己的阴影之下。顶多，他只能获得一些对他并不适合的东西。即使没有门槛绊倒他，他也会去弄一块绊脚石，然后得意扬扬地以为自己做了一件有价值的事情。

人们可能会夸大其词，说人格面具实际上并不是自己表面所展现的样子，但他们自己和别人却认为是那个样子。无论如何,成为那个样子并没有什么不好,因为人格面具往往名利兼收。

另外一个同等重要且定义清晰的概念是"阴影"。阴影与阿尼玛类似,它要么显现为在合适的人身上发生的投射,要么在梦中被具体化。阴影与"个人"无意识是相一致的。阴影使主体拒绝承认与自己有关的所有人格特征,但又总是将这些特征或直接或间接地强加给自己。

如果我们对无意识有所了解,就会明白它是不可能被淹没的,抑制它是危险的,因为无意识是有生命的。如果这一生命受到抑制,它就会像在精神病中展现的那样,与我们对立。

当意识和无意识中的一方受到另一方的抑制和伤害时,它们就无法形成一个整体。如果它们之间必有一战,那么双方至少应该享有同等的权利,公平争斗。意识与无意识都是生命的面向。意识应该护卫其自身的理性，而无意识的错乱生活也应该被给予机会去走自己的路，在我们可承受的限度内给予尽量多的机会。这意味着要同时公开进行冲突与合作。显然，这就是人类生命本该有的方式。这像是铁锤与铁砧间的固有游戏：坚硬的钢铁在它们之间被锻造成一个超强的整体，一个"个体"。

阴影与心理

阴影是一个道德问题，它挑战了整个自我人格，没有人不经过相当大的道德努力就能意识到它。要意识到阴影，就要承认人格的黑暗面是真实存在的。这是认识自我的必要条件。

——卡尔·荣格，《永恒纪元》

黑暗面属于内在层面。在内在的深处,有一个心理事件层面,它构成了一个围绕着自我的意识边界。我用一幅图来进行说明:

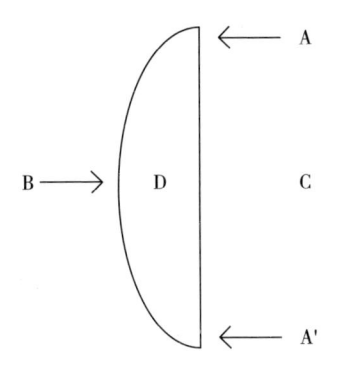

如果把AA'当作意识的阈限,那么,D部分就会成为同外部心理世界B相关的意识区域,而C部分则是阴影世界。自我在那里成为某种黑暗之物,我们无法洞悉。对于自己,我们仍然是个谜。我们只能在D部分认识自我,而无法在C部分认识它。因此,我们总是不断地发现关于自己的新事物，几乎每年都有一些前所未知的新事物突然出现。我们总是以为，我们已经彻底地了解了自己，但事实上并非如此。我们不断发现自己是这样的、是那样的、是其他的样子。我们偶尔会有令人惊奇的体验。这表明我们的一部分人格仍存在于潜意识中，不断变化着。我们是未竟之作，是生长变化的。然而，未来一年我们将要成就的人格，已然存在，只不过还处在阴影里。自我就像电影中闪现的画面，未来的人格虽然不可见，但我们在向它前进，很快就能看到未来的存在了。这些潜能自然属于自我的黑暗面。我们已经很好地意识到了自己曾经是什么，却还未能意识到我们将会成为什么。

内在心理层面的第一种机能是记忆。记忆将我们与已淡出意识的事物、潜意识中的事物、被抛弃或被压抑的事物联系起来。我们所谓的记忆，就是潜意识内容再生的能力。它是我们能够在意识与尚不可见的内容之间清晰识别出的第一种机能。

第二种内在心理机能——我称之为"意识机能的主观构成"——更为复杂。现在我们开始涉足深水区,在这里我们将陷入黑暗。希望我能够解释明白。例如,当你遇到一个素未谋面的人,你自然会对他有所想象。你不会一直想象那些你立刻想告诉他的东西,也许你在想象那些并不真实、实际上并不恰当的东西。显然,这些都是主观反应,而相同的反应将伴随事件和情境发生。无论客体是什么,每次有意识机能的运用,都会伴随着或多或少不可接受的、不正当的或不该有的主观反应。你痛苦地意识到,这些碰巧就发生在自己身上,但没人愿意承认自己受到这些现象的支配。他更愿意将它们留在阴影中,因为这样他就是完全无辜的、善良而正直的、友善的等你所熟知的同类词汇。实际上并非如此。

每个人都有无数的主观反应,但承认这些反应不是特别适当。我称这些反应为主观构成。它们是我们同内在进行联接的非常重要的一部分。这里的东西确实令人讨厌,这就是为什么我们不愿意进入自我的阴影世界，不愿意看到自身的阴暗面。所以，在文明社会中，有人将阴影完全丢掉了，他们摆脱了它，因此他们是二维的，失掉了第三种维度。也因此，他们摆脱了身体。身体是最令人怀疑的伙伴，因为它制造了我们讨厌的东西。有太多关于身体的事情无法被提及。身体往往是自我阴影的化身，它时不时干些不可告人之事，因此每一个人都自然而然地想要摆脱它。我觉得，主观构成已经把我想要表达的东西阐明了。它们通常是指以某种方式做出反应的一种倾向，并且这种倾向并不为人所称道。

现在，让我们探讨第三种内在心理构成（我们不能将其视为一种机能）。记忆可以被视为一种机能，但在某种程度上，它是自主或受控的，且往往难以驾驭，它就像一匹难以驯服的烈马，经常以令人难堪的方式止步于篱笆前，记忆甚至等同主观构成和反应的情况，所以事情开始变得更复杂了，因为这正是情绪和感情发挥作用的地方。记忆明显不再是机能，而是事件。因为在情绪中，就像一些句子所描述的：你远离了，被流放了，正常的自我被抛掉了，其他东西占了你的位置。我们说"他疯了""他被魔鬼控制了"，或者"他被什么东西附身了"，因为他看起来像一个被支配的人。原始人不会说他出离愤怒失去了理智，他们会说一个灵魂进入了他的身体并完全改变了他。类似的事情也发生在情绪中。你被完全支配了，不再是你自己，自控力几乎为零。这就是一个人被其内在所掌控的状态。他防不胜防，只能握紧拳头，保持沉默，然而它已经控制了他。

第四种重要的内在心理机能就是我所说的"侵袭"。在这里，阴影与潜意识层面完全占据主导地位，甚至能够入侵意识领域。因此，有意识的控制降到最低。我们不需要把这些时刻定义为病态。只有在该词的老旧意义上，当病理学被用作激情的科学时，它们才被认为是病态的。但实际上，这是一种特殊的状态，在这种状态下，人受潜意识控制，任何事情都可能从他身上产生。一个人或多或少都会失去自制力。例如，我们不能把祖先认为的某些情况视为不正常，因为在原始人群中，这些都是非常正常的现象。他们谈到恶魔、噩梦或鬼魂进入了一个人，他的灵魂离开了他，当他的众多灵魂（通常有六个灵魂）之一离开他时，他就处于一种改变的状态。因为他突然抛弃了自己，处于失去自我的状态。

你经常可以在神经症患者身上观察到这种情况。在特定的日子里或者在特定的时间里，他们会突然失去对自己能量的控制，被一种奇怪的力量所控制。这些现象本身并不是病态的，它们属于人的一般现象学，但是如果它们成了习惯，我们就可以把它恰当地称为神经症。这些都是导致神经症的事件，但也是正常人的特例。无法克服的情绪本身并不是病态的，它只是有点令人不快而已。

研究情绪时，你总是会发现：当涉及神经生理兴奋过程的状态时，你就可以使用"情绪"一词。因此，你可以在一定程度上衡量情绪，但不是指情绪的心理部分，而是指生理部分。你们都熟悉詹姆士-兰格的情感理论。我把情绪称为情感，等同于"影响你的东西"。它对你产生了影响，妨碍你，使你失去自制力。就像一场爆炸把你从自身中抛出来。同时，它伴随着一种非常真实的、可以被观察到的生理状态。因此，不同之处在于情感没有物理的、有形的生理表现，而情绪则表现为不断变化的生理状态。根据詹姆士-兰格的情感理论，当你意识到自己一般状态的生理变化时，你才真正处于情绪之中。当你处于最容易生气的状态时，你就可以观察到这一点。当你意识到自己即将生气时，你会感觉血液往上涌至头顶，之后你就真的生气了，而不是之前。之前，你只是知道自己即将生气，但当血液上涌至头顶时，你就被自己的怒火点燃了，身体也会立即发生变化。因为你意识到自己变冲动了，于是倍感愤怒。这时，你就真正处于情绪之中了。但是，当你处于情绪中时，你是可以控制的。你置身于情境之外，能够说："我对它抱有极好或极坏的情感。"一切平静如常。你能够平静地告诉别人："我恨你。"这做得非常漂亮！但是，当你怀着恶意说出这句话时，你就陷入了情绪之中。平静地说出这句话，既不会给自己也不会给他人带来情绪。情绪是最容易传染的，它们是精神传染的真正传播者。例如，如果你身处一个充满情绪的群体中，你就无法自持，被那种情绪所感染而深陷其中。但是，别人的情绪与你毫不相关。因此，你会发现，理性情感型的人通常会对你产生一种冷却效果，而情绪型的人则会使你越来越热烈，因为热情会从他身上不断散发出来。你会看到他脸上洋溢着情绪的光芒。你的交感神经系统受到交感神经效应的干扰，几分钟后你就会表现出完全相同的症状。

我们的潜意识就像我们的身体一样，是过去记忆的存储库与纪念馆。对集体潜意识思维结构的研究，将会得到类似于比较解剖学的发现。我们不要认为它有什么神秘之处。

如果我们能意识到自身的阴影面，就能对任何道德和心理感染以及潜在危害产生免疫力。

可悲的事实是，人类生活中存在着不可抗拒的对立——白天和黑夜，快乐和痛苦，新生和死亡，善与恶。我们甚至无法确定哪一方会战胜另一方，是善战胜恶，还是快乐战胜痛苦。生活与世界现在是战场，过去一直是战场，未来也将永远是战场。如果不是这样，生存就会走到尽头。

阴影与自我

如果一个人有足够的勇气收回所有的投射，你就会得到一个对自己的阴影有深刻见地的人。这样的人面临着新的问题和冲突。他自己成了自己的问题，因为他现在无法判断别人行为的对错，自己是否应该反对……这样的人知道，世界上错误的根源就是他自己。

——卡尔·荣格，《心理学与宗教》

一旦一个人理解了罪恶的概念，他便开始依赖精神隐藏，换用分析的术语来说，压抑就出现了。隐藏之物就是秘密，保守秘密就像一剂精神毒品，让秘密的保守者与集体相疏离。小剂量的毒品可能是无价良药，甚至是个体分化的必要制剂。事实上，即便在原始时代，人类也会不可抗拒地需要制造秘密，人们保守的秘密使得他们免于消融在集体生活的无意识之中，从而免于遭受心理上的致命伤害。

虽然少部分人共享一个秘密固然有其益处，但一个纯粹的私人秘密却具有破坏性。就像原罪的重负一样，它使不幸的秘密保守者与他的同伴分隔开来。但是，如果我们能意识到自己在掩盖什么，那么所造成的损害就会比我们不知道自己在压抑什么（甚至不知道压抑的存在）要小。在后一种情况下，我们不仅有意识地保留某种不为公众所知的内容，还把它隐藏在自己都不知道的地方。结果，它脱离了意识，成为一个独立的情结，独自存在于无意识之中，既不能被意识所纠正，也不能被意识所干涉。如此一来，这个情结就成了心理中的一个自主部分，经验表明，它会衍生出一种独特的虚幻生活。我们所谓的幻想，无非是自发的心理活动，每当意识的压抑作用放松或停止时，比如在睡眠中，幻想就会出现。在睡眠中，这种活动以梦的形式呈现出来。此外，即使我们醒着，我们也会在意识的阈限之下做梦，特别是当我们受到压抑的、无意识的情结控制时。顺便要说的是，并非所有无意识内容都是意识内容受压抑的产物，无意识内容的来源不止一处。无意识有其独特的内容，它们从心灵深处慢慢升起，最终进入意识。因此，我们绝不应该将无意识简单地看作是一个存储被意识所丢弃内容的容器。

一切心理内容，无论是从意识深处上升到意识阈限之上，还是从意识中下沉到阈限之下，都会对我们的意识活动产生影响。一般来说，无意识的秘密比有意识的秘密更有害。

众所周知，每一个个体的秘密都发挥了原罪的作用或引发了罪恶感，无论这个秘密在普遍的道德立场上是否合理。隐藏的另一种形式是"克制"行为——克制的内容通常是情感。与秘密一样，我们必须在这里加以限定——自我克制是健康的、有益的，甚至是一种美德。正是如此，我们认为自律是人类首要的道德成就之一。在原始社会，自律是入会仪式的一部分，主要表现为禁欲及忍受痛苦和恐惧。然而，当这种自我克制发生在秘密团体里，就变成需要与他人一起完成的事情。如果自我克制只是私人问题，并且可能与任何宗教无关，那么它很可能与个人秘密一样有害，这种类型的自我克制会导致丑陋的心境和易怒的情绪，这正是我们所谓的道德守护者的表现。被压抑的情感也是我们隐藏的东西——我们将其隐藏得如此之深，以致骗过了自己——男人特别擅长这种艺术，而女人除了极少数外，天生就不愿做这种伤害自己情感的事。

当情感被压抑时，很容易让我们感到孤立、烦恼和内疚，就像无意识中的秘密一样。正如当我们拥有一个不为人知的秘密时，人们自然会对我们怀有恶意一样，如果我们在同伴面前克制自己的情感，他们自然也会对我们心怀怨恨。从长远来看，没有什么比压抑情感所导致的冷淡关系更令人难以忍受了。被压抑的往往是我们想要保密的情感，但这些秘密通常并不是什么秘密，它们实际上是在某些重要时刻被压抑而变得无意识的情感流露。

有一种神经症可能是由于秘密占主导地位造成的，另一种则是因为被压抑的情感占主导地位造成的。大多数癔症患者，他们毫不掩饰情感，往往也是秘密的保守者，而对于那些患有顽固性精神分裂症的人，他们则往往因无法理解自己的情感而深感痛苦。保守秘密与压抑情感都是不好的心理现象，最终可能会导致疾病出现。但若我们与他人一同行动，这些行为则变得合理，甚至被视为美德。当自我克制只对自己实施时才对健康有害。人类似乎有不可剥夺的权利去揭示同伴身上的阴暗、残缺、愚蠢和罪恶——为了保护自己，我们必须对这些事情保密。然而，在大自然眼里，隐瞒我们的缺陷似乎是一种原罪，与完全卑劣的生活无异。人类似乎有一种良知，如果一个人在某一时刻不以某种方式，不遗余力地不为自己辩护，并承认自己是人性的、会犯错的，就会受到良心的谴责。在他这样做之前，一堵密不透风的墙会挡在他的面前，使他无法感受和体验自己是人类的一员。

精神分析的目标与瑜伽冥想不同，它专注于观察那些模糊的内容，无论这些内容表现为意象还是情感，它们都会从无意识心理中自然涌现，并出现在内观者的意识中。通过这种方式，我们能够重新发现那些被压抑或遗忘的事物。这个过程可能是痛苦的，但它也是一种收获，因为那些卑微甚至毫无价值的事物也是我的一部分，就像我的阴影一样，它们赋予了我实质和品质。如果我不能投下影子，我怎么能算是一个实体呢？如果我想成为一个完整的人，就必须有阴暗面，只要我能意识到自己的阴暗面，就能记得自己与他人一样皆为凡人。无论如何，如果我这样做了却没告诉任何人，这种重新发现会让我完全回到患神经症或精神分裂症之前的状态。对我个人而言，这只能算部分治愈——因为我仍处于孤立状态。只有通过忏悔，我们才能回归人性，摆脱道德败坏的沉重负担。宣泄疗法的目的是实现彻底的忏悔，这不仅需要在理智上承认事实，还要在心灵上肯定事实，并真正释放被压抑的情感。

神经症是一种内心的分裂状态，表现为与自我进行斗争。任何能够刺激内心分裂的事物，都会使患者的症状恶化，而任何能够缓和分裂的事物，都有助于患者康复。促使人们与自己对战的，是一种直觉或认知，让人们觉得自己内部有两个相互冲突的人格。这种对抗也可能存在于肉欲与精神之间，或者存在于自我与阴影之间。

实际上，关键问题不在于阴影本身，而在于投下阴影的实体。

如果我要治愈我的患者，就必须承认他们的利己主义有深远的意义。我甚至需要帮助患者放大他的利己主义。如果他能够做到这一点，他将与他人保持距离。他排斥群体，而群体也就成了群体本身——本该如此，因为群体一直在剥夺他那"神圣的"利己主义。他需要这份利己主义，这是他最强大、最健康的力量。正如我所说，这是真正的上帝意志，尽管有时这会让他孤立无助。然而，不论这种状态有多么痛苦，对他来说都是有益的。只有这样，他才能建立自己的评判标准，并认识到对同类的爱是一种宝贵的财富。而且，只有在完全被抛弃和孤独的状态下，我们才能真正体验到自己本性中那些积极的力量。

如果我们多次目睹这种发展，就不能否认恶有可能转化为善，而看似善的东西可能具有恶的力量。利己主义的魔王引领我们走上了一条通往宗教体验的捷径。由此可见，生活中存在一条基本规律——物极必反，只有这一规律才能使人格冲突中的双方重新统一，进而结束争斗。

虽然听起来很简单，但在实际人生中，接受人性的阴暗面却几乎是不可能的。试想，要承认那些非理性的、无意义和邪恶的东西具有存在的权利，这将意味着什么！然而，现代人坚信它们有存在的权利。他们希望与自己的每一面都和谐共处，了解自己是谁。因此，他们将历史抛在脑后，希望与传统决裂，通过自己的生活进行实验，探索事物本身除传统预设之外的价值和意义。

众所周知，弗洛伊德的精神分析只是帮我们意识到自己的阴暗面与邪恶。它仅仅是引发了一场潜在的内战，然后就任由其自然发展。患者必须想尽一切办法来应对这种情况。然而，弗洛伊德忽视了一个事实，人无法独自对抗黑暗力量——无意识力量。人总是需要精神支持的，这种支持来自个人的宗教。无意识的开启总是意味着强烈精神痛苦的爆发，就像是放弃了繁荣的文明，任由大批野蛮人肆虐；也像是大堤决口，将肥沃的田地暴露在肆虐的洪水之下。世界大战就是一种这样的爆发，它清楚地揭示了分隔有序的世界与潜伏着混乱的那堵墙有多单薄。对每一个人体及理性有序的世界来说，也是如此。人类的理性侵犯了自然的力量，这些力量渴望复仇，只等着这面隔墙坍塌，以便摧毁意识生活。从远古时代开始，甚至在最初的文明阶段，人们就已经意识到了这种危险。人之所以发展出宗教和巫术，就是为了武装自己，对抗这种威胁，并且治愈因此而造成的创伤。

当疾病步入膏肓，破坏力便转化为治愈力。根本原因是原型获得了独立的生命，取代了匮乏的自我及其徒劳的意志和努力，成了人格的精神向导。就像有宗教信仰的人会说"上帝即是向导"。然而，对于大多数患者，我不得不避免使用这种说法，因为这会让他们想起他们所反对的事物。我必须用更温和的语言来表达，比如心灵觉醒和自发生活的能力。这种说法确实更符合我们观察到的事实。当一些不是源于意识的主题出现在梦境或幻想中时，转化便发生了。对患者来说，这无疑是一种启示，一种东西（一种外来而非

"我"的事物）从心灵深处滋生并出现在他面前，超出了个人的想象范围。他们找到了通往心灵生活之源的道路，这标志着治愈过程的开始。

阴影与治疗

阴影将一切个人不愿承认的东西都加以人格化，但它也往往直接或间接地将它自己强加在个人身上——例如，性格中的卑劣品质和其他不相容的倾向。

——卡尔·荣格,《荣格文集》(第9卷)

我们怎样才能研究人的阴影？我已经告诉过大家，这依赖于三种分析方法：词语联想测试、梦的分析和积极想象。

在精神病学中，很多情况下，患者通常都带着一个不为人知的故事来接受治疗。在我看来，只有了解清楚这个完全属于个人的故事，病人的治疗才能真正开始。这个故事是病人的秘密，是他崩溃的磐石。如果我知道这个秘密的故事，我就掌握了治疗的关键。医生的职责就是找出这个关键。大多数情况下，仅仅探索有关意识的材料是不够的。有时，进行联想测试则可能开辟道路，解梦或与病人长期、耐心、富有同情心的接触也有同样的疗效。在治疗中，问题总是从患者的整体入手，而不仅仅是他们的症状。我们必须提出深入触及整个人格的问题。

在治疗中，理论上辩证的讨论往往会致使病人与他的阴影相遇，阴影显然是我们通过投射方式而抛弃的内心的阴暗面：要么让我们的邻居犯下（以某种广义或狭义的方式）我们自己也会犯的所有错误，要么通过悔悟或更温和的忏悔，将我们的罪恶投射到某个神圣的调解人身上。当然，我们知道，没有罪恶就没有忏悔，没有忏悔就没有救赎，没有原罪，世界的赎罪就不可能发生。我们必须不惜一切代价避免探究上帝是否可能在这种邪恶的力量中设置了某种独特的魅力，无论理解这一目的对我们来说是否至关重要。当一个人像心理治疗师一样，需要治疗那些正面临黑暗阴影的人时，往往不得不得出这样的观点。在任何情况下，医生绝不能以道德高人一等的态度指着法律的牌子说："不要这样做。"他必须客观地审视事物，不是基于他受到的宗教训练或教育，而是基于本能和经验，因为有可能出现"因祸得福"之类的情况。他知道，一个人不仅可能忽视自己的幸福，而且可能忽视他最终的罪恶，否则他就无法实现自己的完整性。事实上，完整性是上天赋予人的能力。一个人既不能通过走捷径，也不能通过系统训练来创造这种能力，他只能成为拥有这种能力的人，并承受这种能力可能带来的后果。非常令人不安的是，人类并不都是相似的，而是由许多个体组成，这些个体的心理结构在至少一万年的时间里不断拓展。因此，绝对不存在既能拯救一个人，又能让另一个人下地狱的真理。所有普世主义都陷入了这一可怕的困境。

我们常常收到来自各方的忠告：邪恶就是邪恶，应该没有丝毫犹豫地予以谴责。然而，这并不能制止邪恶成为个体生活中最棘手，也是最需深思熟虑的事情。首先，我们应该热切关注"谁是行凶者？"这个问题。这个问题的答案最终取决于行为的价值观。社会认为首先是你做了什么更重要，因为它一眼就能看得到，这绝对没错，但归根结底，正确的行为发生在错误的人手里也会带来灾难性的后果。一个有远见的人不会让自己被错误之人的正确行为所欺骗。因此，心理治疗师的关注点不应该是做什么事情，而是事情究竟是怎样做的，因为这取决于行为者的全部性格特征。与善一样，人们常常也需要认真思考恶，因为善与恶归根结底只是对所作所为的理想化和抽象化，两者都反映了生活中的明暗对比。总而言之一句话：没有不产生恶的善，也没有不产生善的恶。

在相对彻底的治疗过程中，与人格的阴暗面（阴影）相遇会自然而然地发生。公开的冲突是不可避免的，也是痛苦的。人们经常问我："对此你打算做点什么？"我什么也不做，我只是等待，相信上帝，直到那个有耐心和勇气的特殊之人自己想出解决冲突的办法——虽然我还无法预测，也别无他法。这并不是说我消极或不作为，我只是在帮助病人理解冲突中所有无意识的东西。你们可以相信我，这些东西都不是普通的产物。相反，它们是吸引我注意力的最有意义的东西。病人并非无所作为，他必须做正确的事，并且要全力以赴，以免邪恶之力在他身上变得过分强大。

除去道德上的难题之外，还有一种危险同样值得关注，实际上可能会导致并发症，尤其是在那些有病理倾向的人身上。事实是，个体无意识的内容（阴影）与集体无意识的原型内容混杂在一起，一旦阴影进入意识，个体无意识内容就会与原型内容融为一体。这对有意识的心灵产生了某种可怕的影响，即使对最冷酷的理性主义者来说，被激发出的原型也会产生不愉快的影响。理性主义者担心，在他看来最低级的信念——迷信，也会强加于他。但从最恰当的意义上来说，迷信只能在那些有病理倾向的人身上产生，而不会在那些能保持平衡的人身上产生。迷信表现为对"发疯"的恐惧，因为它认为现代心灵无法确定的一切都是疯狂的。必须承认，集体无意识的原型内容往往会在梦境和幻觉中呈现出奇怪而可怕的形式，以至于，即使是最顽固的理性主义者也难免被噩梦惊醒，被恐惧吓倒。

正如我所指出的那样，当我们谈到心理投射时，我们必须牢记这是一个无意识的过程，只要它是无意识的，它就会发挥作用。

后记

可怕的是，所有人都有阴影，不仅仅是小的弱点和癖好，还有着恶魔般的精神。一个人很少能意识到这一点，对他而言，作为一个个体无论在任何情况下都应该超越自己，是难以想象的事情。然而，当这些无害的思想聚集在一起，就会形成一个愤怒的怪物；每一个人都是这个怪物身体里的一小部分，无论在任何情况下，他都只能陪着这个怪物一起血腥肆虐，甚至在最大程度上助长它的恶行。人们对这些可怕的可能性深表怀疑，却对人性的阴影视而不见。

——卡尔·荣格，《心理学与宗教》

我们身处的世界，既充满了野蛮与残酷，又洋溢着圣洁与美丽。至于哪种成分更重要，是有意义还是无意义，这是个器质性的问题。如果无意义占据了主导地位，那生活的意义就会在我们每一步的成长中逐渐消失。然而，事实并非如此——至少在我看来并非如此。就像所有形而上学的问题一样，生活或许既有意义又无意义。但我却抱有一种期望：有意义的一面终将占据上风并打败无意义。

时至今日，我们比以往任何时候都看得更清楚，威胁着所有人的灾难并非来自大自然，而是来自人类，来自个体和群体的心灵，人的精神失常就是这一危险所在。一切取决于我们的精神是否能正常地起作用。

心灵的指针在理智和非理智之间摇摆，而不是在正确与错误之间摆动。神秘事物的危险在于，它会将人引向极端，以致适度的真理被视为绝对的真理，轻微的错误被视为致命的错误。一切都在变化——昨天的真理到今天可能是误导，而昨天的错误推论却可能在明天成为启示。在心理学领域尤其如此，事实是，我们仍然知之甚少。

我对自己走过的人生历程感到满意，它让我感到充实并使我受益匪浅。我从来不敢奢望会有如此丰厚的收获。然而，除了不断有意想不到的事情发生在我身上之外，没有别的了。如果我是另外一个人，很多事情可能会有所不同。但该发生的终究会发生，这都是因为我就是我。很多事情按照我们的预期进行，但最终并不总是对我有利。但几乎一切事物的发展都是自然而然、命中注定的。我对自己因固执而做了很多蠢事感到后悔，但如果没有这种特质，我就无法实现自己的目标。因此，我既失望又不失望。我对人们失望，对自己失望。我从人们那里学到了很多令人惊奇的事情，取得的成就也超出了自己的预期。我无法做出最终的判断，因为生命现象和人类现象太庞大了。年纪越大，我懂得的就越少，对自己的洞察或理解也就更有限。

我们应该永远记住，文明的发展掩盖了生命的潜力，但这种潜力在某些地方依然存在。天真地重温它，无异于回到野蛮时代。因此，我们更愿意选择遗忘。然而，如果这种潜力以某种冲突的形式再次出现在我们身边，我们就必须将其纳入我们的意识，并相互比较我们当前的生活和我们已遗忘的生活这两种可能性。因为任何显然已经消失的事物，都不会无缘无故地回来。在活生生的精神结构中，一切都不会以纯粹机械的方式发生，每种现象都必须与整体的组织相适应，并与整体相关联。也就是说，它完全是有目的、有意义的。然而，意识不具备整体观，通常无法理解这种意义。因此，我们目前只能满足于注意到这种现象，并希望未来或更深入的研究能够揭示出这种与"自性阴影"冲突的意义。

尾声

阴影并不是潜意识人格的全部，而是代表未知或知之甚少的自我属性和本质——几乎涉及个人领域的各个方面。同时，阴影也包含个体从外部资源中获取的集体要素。

当朋友指责你犯了错误，而你感到如此愤怒以至于无法控制自己时，这表明你的一部分阴影正在浮现，而你是意识不到它的……阴影往往表现为冲动和鲁莽的行为，在人们来不及思考的时候，恶毒的言论就会冒出来，策划了阴谋，做出了错误的决定，那些人们从未有意或有意识追求的东西却都摆在了面前。

此外，阴影揭示了一种远比有意识个体影响更深远的集体影响。例如，当一个人独处时，他可能觉得一切正常，而一旦与"别人"一起进行一些隐秘的、特殊的事情时,他就担心如果自己不参与其中,就会被当成傻瓜。因此,他会屈从于根本不属于他的冲动。尤其是在与同性别的人接触时,人们往往被自己和他人的阴影所压倒。虽然我们确实也能在异性身上看到其阴影,但我们通常不会被它困扰,而且更容易原谅它。

阴影是成为我们的敌人还是我们的朋友,很大程度上取决于我们自己……实际上,它就像任何其他人一样,有时我们需要忍让它,有时需要抵制它,有时需要给予爱——这要视情况而定。只有当阴影被忽略或被误解时,它才变得有敌意。阴影的作用始终是代表自我的对立面,并使那些我们不喜欢的品质具体化。

阴影蕴含着不可抗拒的、冲动的、压倒性的力量,这个事实并不意味着内驱力总是受到强烈压抑。有时,阴影也拥有强大的力量,因为"自身"的冲动与阴影的目标一致。因此,人们很难分清是"自身"还是阴影在背后驱动内在的压力。在潜意识中,人们的不幸处境就像月光下的一幕,所有的内容都朦朦胧胧,混成一团,以至于人们永远无法准确弄清任何事情的本质、所在、起始与结束。

附录1：荣格八种性格类型说

荣格对人格研究非常深入且广泛，MBTI人格测验的测量指标就是以荣格所划分的八种性格类型为基础的。

"在我治疗心理症患者的长期实践中，我对一个事实产生了深刻的印象，即人类心理的差异大多是个体的差异，但也存在类型上的差异。在我看来，有两种类型尤为显著，我称它们为内倾型（Introversion）和外倾型（Extraversion）。"

荣格根据力比多（Libido）的倾向将性格类型划分为内倾型和外倾型两种态度类型后，又按照心理的四种功能——感觉（Sensation）、直觉（Intuitive）、思维（Thinking）、情感（Feeling），把两种态度类型与四种功能组合，划分出八种性格类型。

两种态度（由主体对客体的态度进行区分）

内倾型：向内，内省，更多地关注内在自我。他们对事实不感兴趣，而对观念感兴趣，对他们来说，事实不是目的，那些只是证明其观念的例证而已。内倾型思维是理性的。

外倾型：外向，开放，倾向于探索外部世界。他们对事实感兴趣，易被客观思维吸引。他们可以将感觉、感情置于一旁，不予理会。外倾型思维是程序式的。

四种功能

感觉让我们意识到存在着某种东西，它以非理性的态度解释客观世界。表现为重视事实，缺乏理性，被视为非理性功能的体现。

直觉为你揭示事物来自何方并通往何处，是一种神奇的预见能力。表现为对事物缺乏理性的判断，与感觉一样被视为非理性功能。

思维让你了解事物的本质是什么。表现为以

冷静、客观和理性的态度去应对周围的环境，并能够根据观念间的联系做出准确的判断。

情感告诉你某物是否令人满意，是对愉快与厌恶、美与丑的体验，强调个人主观的看法和价值。

每个人都是同时具有内倾和外倾两种机制的，只有在其中一种机制占据相对优势时，才能判断其所属的类型。四种心理功能中占主导地位的功能赋予了每个人独特的心理状态。

思维型的人，情感状态往往处于次要地位，因为思考时，人们会不自觉地排斥情感，而情感会干扰思维。相比之下，情感型的人可能不太注重思考。一个人不可能在同一时间以同样完美的程度同时拥有两种对立的功能。同样，感觉和直觉也是这种情况。感觉需要集中注意力，而直觉往往会忽略细节。

从生物的角度来看，主体与客体之间的关系始终是一种适应关系。这种生物性差异不仅对应于外倾和内倾两种心理模式,而且是这两种心理模式的现实基础。外倾型的特点是不断通过各种方式扩展他自己,而内倾型则倾向于抵制各种外部要求。

外倾型

当客体所引起的定向占主导地位,以致主体的决策和行为受客观而非主观观念所支配时,我们说这是一种外倾态度。这种态度一旦成为习惯,我们就称之为外倾型。如果一个人的思维、感觉、行动以及他在现实生活中的一切,都直接符合客观状态及其要求,那么这个人就是外倾的。外倾型被普遍认为与客观环境相关,其兴趣也是如此:客观事件对他具有近乎持久的吸引力,因此在正常的情况下,他绝不会去舍此而他求。

外倾型的人从不试图从自己的内在生活中寻找任何绝对的因素，因为他深知，唯一重要的东西存在于自身之外。他的兴趣和注意力主要集中在客观事件上，尤其是当下环境的客观事件。无论是人还是事，都可能引起他的注意。他会去做那些需要他或期望他去做的事情，而放弃所有那些并不是完全明确或超出周围人期望的事情。在外倾态度中，心理关系总是受到客观因素和外部规定的支配。至于人本身固有的东西，从来没有任何决定性意义。

外倾思维型（Extroverted thinking type）

根据定义，这种类型的人指的是那些全力以赴要求自己所有行为都服从理智结论的人。除外倾思维型的人自己服从于这一程式外，为了他们的正确，他们周围的人也都必须遵守它。任何拒绝服从的人都是错的——因为他抵制了普遍的规律，所以是不合情理的、不道德的、没良心的。这种人的道德准则不允许他容忍例外，无论如何，他的理想都必须付诸实现，因为在他看来，这是纯粹客观现实的陈述，所以也必须是普适的真理。任何在他的本性中看起来使这一程式失效的东西都是有缺陷的、偶然的失误，或是下一次有待剔除的东西。如果下一次再犯错，那显然就是一种病态了。

人"应该如何"或"必须如何"在规划中显得极为重要。如果这个程式涵盖的范围非常广泛，那么这种类型的人将在社会生活中扮演非常有用的角色，无论是作为改革者、检察官、道德净化者，还是重要创新的倡导者。但这样的程式越是严格，个体就越可能发展成一个纪律严明的人，一个循循善诱的说教者，一个总是喜欢把自己和别人放在同一个模式里的自以为是的批评家。

根据外倾型态度的性质，这种性格的影响和行为越是远离他们辐射范围的核心，就越能给人留下好印象而且越有益。他们最好的方面位于其影响范围的边缘。我们越是深入他们的权力领域，就越能感受到他们令人厌恶的专横。

这种类型的人看重逻辑、秩序和原则，他们充满自信，认为自己的生活规则就是绝对的真理，并倾向于将自己的意见强加于人。他们讨厌非理性、情绪化的人，对人性的弱点缺乏了解，忽视人际关系。因此，他们会显得刻板、冷漠、无情、傲慢。当外倾思维型的人处于极端状态，过度压抑自己的感情时，感情就会以不正常的方式影响他们作为补偿，使他们感到痛苦，这变得专制、固执、自负和迷信，听不进去任何批评。

外倾情感型（Extraverted feeling type）

不可否认的是，情感型比思维型具有更明显的女性心理特征。最显著的情感型通常可以在女性中找到。这类女性往往一生都受情感的引导,这一点在她的"爱情选择"中表现得尤为明显:她会选择这个男人而不是另一个"合适的"男人,并不是因为他被她潜在的主体性格所吸引——她通常对此一无所知——而是因为他在年龄、地位、收入、身高和家庭状况等方面符合她的合理期望。尽管有人可能把这幅图景当成一幅讽刺画,但我坚信,这种类型女性的爱情与她的选择是完全相一致的。她的爱情是真实的,而不是精明选择的。在现实中,这种"合乎情理的"婚姻不计其数,而且绝不是坏事。只要她们的丈夫和孩子拥有传统上的心理构成,这些女性显然是理想的贤妻良母。一切符合客观价值的东西都是好的,被视为珍宝,而其他一切都被她扔出了这个世界。

外倾情感型的人感情功能占主导,容易受到客观外在标准的制约,常常被所处的环境影响。他们具有出色的适应能力,能够与世界和谐共处。这种类型的人通常坚守已有的价值观念,具有强烈的历史感和传统意识。他们善于处理人际关系并解决纠纷，往往以大事化小的方式来解决问题，从而使社会及家庭生活保持和谐状态。在团体中，这种类型的人非常受欢迎，大家都喜欢与他们相处，认为他们是热情、有能力、有魅力、有道德感、真诚乐于助人的人。

外倾情感型的人另一种极端是给人留下浅薄、虚伪、浮夸和矫揉造作的印象，没有人情味。这是因为他们过度压抑思维功能所导致的。这类人通常思维能力不发达，但能够相对顺利地找到合适的伴侣。

外倾感觉型（Extraverted sensation type）

外倾感觉型的人根据其所面对客观对象的性质来决定他们的感受，对他们来说，对外部世界的把握应当与他们看到的一致，一是一，二是二，不会过多地权衡和评价。这类人热衷于积累外部世界的经验，注重现实，喜欢实用，愿意按照生活的本来面貌去理解它。他们性格随和，容易与人亲近，乐观并善于享乐。然而，这类人往往缺乏理性，感情也相对淡薄，生活的目的更多是为了体验各种感觉，极端的表现包括那些追求感官享乐或过分唯美主义的人，他们根据个人的感觉而生活，沉迷于各种嗜好，甚至表现出变态或强迫性的行为。

这种类型的人大多是男性，通常是乐观主义者，有时是高雅的审美家。他渴望得到最强烈的感觉，而根据他的本性，他只能从外界获得这种感觉。来自内心的东西在他看来是病态和令人讨厌的。他总是将自身的思维和情感归结为客观原因，即归结为来自客体的影响，尽管这明显违背了逻辑，他也依然泰然自若。在任何情况下，只要能以某种方式回到可感知的现实，他都会如鱼得水。

毫无疑问，他的爱源于被对象的外表所吸引。正常情况下，他引人注目，能够优雅地适应现实，这正是他的理想，甚至使他能够为他人着想。只要他的理想与观念完全无关，他在任何方面就没有理由对现实事物的存在抱有敌意。这一切从他生命所有的外在方面表现出来。他根据场合得体地搭配穿着，他准备丰盛的佳肴款待朋友，使他们觉得非常豪华，或至少让他们明白，他高雅的品位使他有资格对他们提出某些要求。他甚至可能让他们相信，为了体面而做出某种牺牲肯定是值得的。

外倾直觉型（Extxraverted intuitive type）

外倾直觉型的人以直觉为导向，不断在外部世界中寻找新的机会和可能性，而稳定的环境可能会让他感到窒息。他对新事物和新环境有着强烈的渴望，有时甚至是澎湃的激情，但一旦它们的领域被完全了解，没有任何进一步的发展需要预测时，他就会无情地抛弃它们，没有任何内疚，似乎完全忘记了它们。只要有一种新的可能性尚存,直觉者就会把它看作是自己命运的全部,仿佛他的整个生命都将消融于这一新的情境之中。人们会产生这样的印象,他自己也明白,他总是到达了生命中的一个重要转折点,此后便不再有任何东西值得他思考和感受的了。无论这种观点多么合情合理,无论有多少论点为其辩护,总有一天他会将那个曾经许诺给他自由和解放的情境视为一个囚笼,并因此采取行动。理智和情感都无法限制或阻挡他去追寻新的可能性,即使这与他先前的信念背道而驰。

直觉型的人拥有独特的道德观,既不受理智的束缚,也不受情感的左右。他的道德观主要体现在对自身灵感的忠诚上,自愿服从灵感的权威。他很少关心他人的福祉,他人的心理健康对他来说并不重要,他对自己也是如此。他同样很少关心他人的信仰和生活方式,于是,他经常被视为一个不道德和冷酷的冒险家。由于他的直觉关涉的是外在客体并探索它们的可能性,因此他总是准备改换职业,以便在那里充分展示他的才能。许多商业巨头、企业家、投机者、证券经纪人、政客等等，都属于这种类型。显然，这种类型在男性中比在女性中更为常见；在女性中，直觉的能力与其说表现在职业方面还不如说表现在社交方面。这种女性懂得如何利用每一次社交场合的艺术，建立恰当的社会关系，寻找有远景的男性，而为了追求新的可能性，她们会再次抛弃一切。

不可否认，无论是从经济还是从文化的角度来看，这种类型都具有非比寻常的重要性。如果他的意图是善良的，也就是说，他的态度不是太以自我为中心，那么他就可以作为一项新事业的先驱或推动者做出特殊的贡献。他是一个难得的天生的斗士，前途无量。他那种为任何新生事物鼓舞人们的勇气、点燃人们的激情的天赋是无与伦比的，尽管他很可能第二天就放弃了。他的直觉越强，他的自我与他所预见的可能性就越融合。

内倾型

内倾型与外倾型的区别在于，前者不像后者那样定向于客体和客观材料，而是定向于主观因素。虽然内倾型意识也是一种应对外部环境的意识，但它总是把主观规范视作决定性因素。因此，这种类型以知觉和认知因素为导向，它们根据个体的主观气质对感官刺激做出反应。例如，两个人可以看到相同的物体，但他们永远不会以相同的方式看待它，他们获得的意象永远不会相同。外倾型的人总是依赖于他们面前的客体，而内倾型的人主要依赖于聚集在主体中的感官印象。我认为魏宁格将这种内倾型态度描述为偏好孤独癖的、自体性欲的、自我中心的、主观主义的或利己主义之类的观点，不但在原则上会产生误导，而且完全贬低了内倾型的价值。

内倾思维型（Introverted thinking type）

内倾思维型的人总是定向于主观因素。他们对事实不感兴趣，而对观念感兴趣，看待事物的方式另辟蹊径，可以创造新的理论和观点。他们的观点很深刻，对他们来说，外界事实不是目的，那些只是证明其观念的例子。

他从不以放弃自我的方式来换取他人的赞赏，即便面对颇有影响的大人物也是如此。当他固执地坚持这样做时，往往会显得非常笨拙，导致最终结果与他的初衷完全相反。在自己的专业领域，他与同事之间的交往也很困难，因为他不懂得如何赢得他们的青睐。通常，他唯一能成功向他们展示的是，这些同事在他眼里是多么微不足道。

在追求观念的过程中，他通常是执着而任性的，不受周围环境的影响。只要一个人在外表上让他相信是无害的，他便会对所有非其所欲的事物敞开大门。他能以最大的忍耐力忍受粗鲁的待遇和压迫，只要能在追求观念的过程中保持平静就足够了。他总是将问题思考到能力的极限，将问题复杂化，使自己一再陷入犹豫不决和疑虑之中。无论他思维的内在结构多么清晰，他对思维与现实世界的联系都一无所知。最困难的事情莫过于让他承认，在他看来十分清楚的东西，在别人看来并非同样清楚。

在人际关系方面，他要么沉默寡言，要么陷入不理解他的人群中，从而进一步证实了人类深不可测的愚蠢。如果他偶尔被人理解，他会轻易地高估自己的能力。他的行为举止经常显得粗鲁笨拙，为了逃避公众的注意而显得焦虑不安，或者表现出一种无忧无虑、几乎童稚般的天真。在他自己工作的特殊领域，经常会出现激烈的冲突，但他并不关心如何处理这些冲突，除非偶尔受到原初感情的驱使，进行尖锐而徒劳的争论。那些没有与他深交过的人认为他飞扬跋扈，丝毫不考虑别人的感受。然而，人们越了解他，对他的评价就越有利，他最亲近的朋友都非常珍惜他们之间的亲密关系。在外人看来，他显得严厉，难以接近，甚至有些霸道，由于他那些与社会针锋相对的成见，他时常显得性情乖戾。

内倾情感型（Introverted feeling type）

内倾情感型的人容易受到主观因素的干扰，容易被主观感受支配，注重内在的情感。他们对外界事物的关注相对较少，因此他们的适应能力会比较差。与外倾情感型的热情友善不同，这种类型的人天生行为方式令人困惑，给人以古怪、另类的印象。尽管他们常常给人一种冷酷的感觉，但实际上他们的内心充满了爱。他们只是不擅长表达自己，但他们对人类的苦难有着强烈的同情。有时候，他们的神情显得忧郁压抑，但也会给人一种内心平静、怡然自得的感觉，让人觉得很有神秘感。

我发现典型的内倾情感型主要出现在女性中。成语"静水则深"非常适合描述这种类型的女性。她们大多沉默寡言，难以接近，让人捉摸不透；她们经常隐藏在一副幼稚或平庸的面具后面，她们的气质通常是忧郁型的。她们既不突出也不刻意展现自己。当她们主要受到主观情感的引导时，她们的真实动机一般都被掩盖起来了。她们的外在举止平和不引人注目，给人一种文静、与人和谐共鸣的印象，但她们不想用它去感化他人，以任何方式去打动、影响或改变他人。如果这种外在的表现变得明显，就会出现那种不屑一顾和冷漠的疑虑，有时甚至对别人的安适和幸福完全漠不关心。

由于这一类型的女性表现出相当的冷漠和含蓄，所以有人肤浅地认为这种类型的女性根本没有情感，但这是完全错误的。真实的情况是，她们的情感是内敛的而非外露的，它们向深处发展。一种外露的情感可以通过适当的语言和行动表达出来，从而能够迅速地恢复到正常状态。而一种内敛的情感由于无法用任何方式表达出来，因此它获得了一种深度的激情，其中包含着一个悲痛的世界，甚至有时会因为悲痛而变得麻木。

内倾感觉型（Introverted sensation type）

对内倾感觉型的人来说，感官经验占据了极其重要的地位，而客观对象则被置于次要地位，甚至被他们忽视。许多这种类型的人最终成了艺术家和音乐家。他们倾向于远离外部现实世界，更愿意沉浸在个人的主观感觉之中。此外，他们通常缺乏理性，情感功能也不够发达。尽管他们外表安静、随和、坚定、自制，但实际上他们的思想和感情世界可能相当贫乏，使得人们很容易对他们感到厌倦。

内倾感觉型也是一种非理性类型，其行为决策并不基于理性判断，而是完全受随机事件的影响。与外倾感觉型受客观影响的强度所引导不同，内倾感觉型则受客观刺激所激发的主观感觉的强度所引导。这意味着客体与感觉之间的关系并不是成比例的，而是一种无法预测且又任意的关系。所以，从外部的角度来看，我们无法预见是什么使印象产生，又是什么使印象永远不会产生。如果感觉的强烈程度与表达的敏捷程度相对应，那么这种类型的非理性就会格外引人注目。例如，当个体是一位富有创造力的艺术家时，这种情况就可能会出现。然而，由于这种情况是个例外，内倾型的人往往通过其特有的不善表达来掩盖他的非理性。相反，他的冷静和被动，以及他的理性和自我克制的特点可能会更突出。

如果内倾感觉型的人缺乏艺术表达的能力，那么所有印象都会沉入他们的内心深处，迷恋般地捕获意识。他们无法通过有意识地表达其迷恋来控制它们。一般来说，他们的思维和情感是相对无意识的，即使有意识，也只是用于必要的、平庸的日常表达。作为意识的功能，它们完全无法充分体现他的主观感受。因此，这种类型的人特别抗拒接受客观的理解，而且一般也不太容易理解自己。

他的发展使他疏离于客体现实，转而追求主观知觉的优越性。他实际上生活在一个充满神话的世界里，那里的人、动物、铁路、房屋、河流、山脉等事物既像仁慈的神又像邪恶的魔鬼。它们以这种形式出现在他面前，尽管影响了他的判断和行为，但从未真正进入他的大脑。他的判断和行为似乎都充满了力量，仿佛与现实世界中的事物一样真实。但只有当他发现自己的感觉与现实完全不符时，他才会开始感到受挫。如果他倾向于客观理性，他会发现这种差异是病态的，但如果他仍然忠实于自己的非理性，并愿意承认自己感觉的真实价值，那么客观世界对他而言就只是一种虚构或一幕喜剧。

内倾直觉型（Introverted intuitive type）

内倾的直觉主要关注内在客体，其真实性是心理的而非物质的。同感觉一样，直觉也包含主观因素，这种因素在外倾型态度中被尽可能地抑制，但在内倾型直觉中却成了决定性因素。尽管内倾者的直觉受外在客体的刺激，但他关心的并非外在的可能性，而是外在客体从其内心所释放出来的东西。内倾直觉型的人致力于从内在的精神世界中寻找可能性。

当内倾直觉的特性占据主导时，会形成一种特殊类型的人：一方面是神秘的梦幻者和预言家；另一方面则是艺术家和幻想狂人。艺术家可以被视为这种类型的典型代表，他们倾向于将自己限制在直觉特性的范围内。通常，直觉者仅仅停留在知觉层面，知觉是他们关注的主要问题。对于富有创造力的艺术家来说，除了知觉之外，他们还会对如何塑造知觉进行思考。直觉的强化往往导致个体与可触知的现实之间产生巨大的疏离，在他的日常生活圈子里，他甚至完全变成一个谜一样的人物。如果他是一位艺术家，他会在其艺术作品中揭示一些陌生而又遥远的东西，一些奇特而又平庸的东西，一些美丽而又古怪的东西，一些崇高而又荒诞的东西。如果他不是艺术家，他通常只是一个不被赏识的天才,一个"误入歧途"的伟人,一个聪明的傻瓜。

内倾直觉型的人常常觉得自己怀才不遇,被别人视为古怪。这是因为他们过于依赖自己的直觉和感知,凭借自己的感受处世,脱离现实和传统,难以有效地与他人交流沟通。他们往往无法理解他人的期望和需求,导致人际关系紧张,甚至产生误解和冲突。

小结

人们倾向于把性格差异仅仅看作是个体的特殊癖性,然而,随着对人类本性有更透彻的了解,人们会很快发现,这些差异不仅仅与个体情况有关,而且是一个典型的态度问题,其普遍性远超过那些只有有限心理经验的人所能想象的。性格类型本身是一种基本的对立,它有时清晰有时模糊,但只要涉及那些人格已经彰显的个体时，这种对立就会变得明显起来。这种现象不仅出现在受过良好教育的阶层，而且贯穿于社会的各个层面。更进一步，这些类型打破了性别的界限，因为我们可以看到相同类型的对比在所有阶层的女性中都有所体现。这种普遍的分布很难简单地归因于有意的选择，如果真是这样，那么具有共同文化和背景的特定社会阶层，肯定会出现与这种选择相关的特定的态度。然而，现实却正好相反，因为这些类型的分布显然是随机的。例如，在同一个家庭里，一个孩子可能是内倾的，而另一个孩子却是外倾的。从这些事实来看，态度类型显然是一种普遍现象，与有意识的判断或意图无关，因此，其存在就只能归因为某种无意识、本能的原因。作为一种普遍的心理现象，类型态度必定具有某种生物基础。

经验表明，次要功能的性质虽然与主导功能不同，但它们并不是相对立的。因此，思维作为主要功能可以与辅助功能的直觉或感觉相匹配。然而，思维永远不能与情感相协调。因为情感作为一种判断功能，具有与思维同等和相对立的性质，它们只能是知觉功能，为思维提供有价值的援助。但一旦它们达到了与思维相媲美的同等分化程度，它们就会引起态度的变化，变得与思维的总体倾向相对立。情感把判断的态度转变为知觉的态度，从而抑制了对思想至关重要的理性原则，以利于纯粹知觉的非理性。因此，辅助功能只有当它服务于主要功能并且不要求自己的自主原则时，才是有效的。

附录2：荣格小传

卡尔·古斯塔夫·荣格（Carl Gustav Jung，1875—1961），是一位瑞士精神病学家和精神分析学家，他创立了分析心理学。这一学派对精神病学、人类学、考古学、文学、哲学、心理学和宗教等研究领域产生了深远的影响。

1875年7月26日，荣格出生于瑞士北部康斯坦茨湖畔一个叫作凯斯威尔的小村庄。半年之后，其父母移居到了莱茵瀑布边上的洛封城堡。在回忆录中，荣格描述了自己对那片土地的模糊记忆，包括住宅、花园、洗衣房、教堂……这些记忆仿佛是漂浮在大海中的小岛，虽然一个个孤立，却也互相联结，构成了他早期生活的一部分。

荣格从小就是一个独特且内向的孩子。自6岁起，除了父亲教他拉丁语外，他也开始接受学校教育。多年之后回想起来，他那时便将自己分裂成截然不同的两种人格——一号和二号。一号人格是他在日常生活中的表现，与普通小孩无异，上学读书、专心致志、努力学习。而另一人格则像成年人一样，多疑、不轻易相信他人，远离人群，亲近大自然。在荣格以后的人生中，他一直刻意选择有山川湖海的地方居住。

荣格的父亲保罗·阿奇里斯·荣格（Paul Achilles Jung, 1842—1896）是一位对古典语文及希伯来文有着深厚热情并拥有语言学博士学位的人。然而，他最终成了一位默默无闻的乡村牧师。荣格的祖父曾是瑞士巴塞尔大学医学部教授，后来成为校长并兼任医师，而荣格的外公则是巴塞尔地区有名的牧师。荣格的父亲希望荣格对上帝保持至善和无所不能的信念，但荣格认为父亲身为牧师却丧失了真正的信仰，无力面对现实，只能传递空洞的神学教条。

荣格的母亲来自一个具有强烈宗教或灵异色彩的

家庭，她也被描述为一个古怪而忧郁的女人。根据荣格的回忆，她在白天是一位正常的母亲，但到了夜晚就会变得神秘而奇怪。当荣格6岁时，他的父亲被任命到劳芬教区工作，这使得父亲和母亲之间的关系变得更加紧张。在荣格的回忆中，他们的婚姻并不幸福。荣格的双亲都是大家庭中最年幼的孩子，在他们呱呱坠地之时，他们颇具声望的父亲都已变得穷困潦倒。

有一段时间，荣格想学习考古学，但他的家人无力将他送到巴塞尔大学以外的地方，且该大学不教授考古学。1895年，荣格在巴塞尔大学攻读医学，仅仅一年后，他的父亲保罗去世，家庭几乎陷入贫困。在巴塞尔大学学医的第三年，他毅然放弃了老师提携他做助手及到维也纳进行深造内科的机会，转而决定改学精神病学。这一决定是非常不寻常的，因为在当时的社会观念中，精神病学被认为是毫无科学依据的领域，而精神病医生差不多也像精神病病人一样古怪。然而，在荣格内心深处，尽管真理和科学更受荣格青睐，但他被与宗教有关的事物深深吸引，生物与精神的结合才应该是他命中注定的事业。

1900年,荣格搬到了苏黎世,开始在厄根·布洛伊勒(Eugen Bleuler)领导下的伯戈尔茨利精神病院担任助理医师,布洛伊勒请他为《梦的解析》写一篇评论,从而让他接触到了弗洛伊德的著作。

荣格在刚进入这所如同修道院一般严格的精神病院时,他对精神病患的内心世界充满了好奇,但没有人可以解答他的疑问。当时的医师关注的是如何去诊断病人,并不在意病人的人格与个性,当时的医学界认为病人的心理状况并不重要。

在精神病院期间荣格进行了高尔顿词语联想测试的研究,联想测试法使他一举成名。1902年,他提交了一篇题为"论神秘现象的心理学与病理学"的论文,并因此获得了博士学位。同年,他前往巴黎跟随皮埃尔·雅内学习,并开始将他对情结的看法与珍妮特的刻板印象联系起来。1903年,荣格与艾玛·劳申巴赫结婚，婚后，举家定居于苏黎世湖滨的屈斯纳赫特。

在20世纪初，当心理学作为一门科学刚刚起步时，荣格就已经成了弗洛伊德新"精神分析"理论的坚定支持者。1905年，荣格被任命为伯戈尔茨利精神病院的"高级"医生，同时也在苏黎世大学医学院担任精神医学讲师，主讲精神心理学，并开设了弗洛伊德的精神分析以及原始人心理学课程。此时，荣格的工作已经引起了国际上的广泛关注。

1906年，荣格给弗洛伊德寄了《语言相关研究》的副本，同年，他出版了《诊断相关研究》并寄给了弗洛伊德，这为他的人生带来了巨大转折。

1907年3月3日荣格在维也纳首次与弗洛伊德会面。荣格回忆说，他与弗洛伊德的讨论无休止地持续了13个小时。六个月后，时年50岁的弗洛伊德将他最新的论文集寄给了荣格，开启了二人之间持续六年的密切通信与合作。1909年，荣格结束了在精神病院的任职，回到屈斯纳赫特的家中开始了私人执业。

对荣格而言，弗洛伊德是他一生所遇之人中最重要的；对弗洛伊德而言，荣格非犹太人的背景打破了只有犹太人才关心心理分析的偏见,而他在伯戈尔茨利精神病院的心理医疗背景和经验,以及他的智慧和日渐高涨的名声,更为心理分析阵营再添新星。

然而,荣格在1912年出版的《无意识心理学》一书中,揭示了他与弗洛伊德之间不断扩大的理论差异。这一差异导致他们之间的个人与职业关系出现了裂痕,不再相互承认对方的观点。

荣格淡化了弗洛伊德性发展的重要性,并关注集体无意识。与弗洛伊德不同,荣格认为力比多是个人发展的重要源泉,但他并不认为力比多本身在塑造人格方面发挥着核心作用。荣格与弗洛伊德的另一个主要分歧源于他们对无意识的不同概念。根据荣格的说法,弗洛伊德将无意识简单地视为压抑情绪和欲望的场所。或许弗洛伊德需要的只是一个顺从的弟子,能够全盘接受他的理论而不加质疑,然而,荣格需要的却是能够互相砥砺的学术伙伴,且不能牺牲自己思想的独立性。

荣格与弗洛伊德决裂后正值39岁,此时的他仿佛临近困境的深渊，朋友和同事们纷纷离他而去。1914年，他辞掉了职位，开始了一系列的旅行，专心探索自己的潜意识。他曾看到幻象，也曾感受到家中众多鬼魂聚集。其中一个幻象是一位有翅膀但跛脚的老人，另一个是一位美貌的女士。这两个幻象成为他日后老智者（自性）及阿尼玛的原型。

自1916年开始，荣格将自己的研究成果整理成著作或受邀进行演讲。1921年，他出版了《心理类型》一书，他希望通过这本书来阐述自己的观点和弗洛伊德及阿德勒的不同之处。

1928年，荣格与理查德·威廉合作研究炼丹术和曼荼罗象征，成果丰硕，他的思想也豁然开朗。《金花的秘密及评论》也于1929年出版，其理论在心理学界广受赞誉。1939年"二战"爆发，荣格辞去国际心理治疗协会主席一职，之后他在瑞士长期从事有关人格心理学研究和心理学治疗工作。1945年"二战"结束，荣格离开了瑞士，开始在世界各地进行访问和演讲，其间出版了《心理学与宗教》。

1946—1952年，尽管荣格长期卧病在床，但他仍然出版了四部著作：《论精神的实质》《埃里恩：自身的现象学研究》《答约伯》《共时性：相互关联的偶然性原理》，这些作品着重以人格心理学思想对宗教进行深入的剖析与探讨。

晚年的荣格隐居在苏黎世湖畔，在这个能和大自然合而为一的地方，为人类所面临的精神矛盾寻找着答案。此时，陪伴他的是他在1925年前往东非途中遇到的露丝·贝利，太太艾玛在1955年就已过世。1961年6月5日，他饮下最后一瓶葡萄酒，这位当代思潮中最重要的变革者和推动者，于家中安详病逝。

参考文献

《心理类型》(*Psychological types or the psychology of individuation*)

《分析心理学的理论与实践》(*Analytical psychology its theory and practice*)

《寻求灵魂的现代人》(*Modern man in search of a soul*)

《人及其象征》(*Man and his symbols*)

《荣格自传：回忆、梦、反思》(*Memories、Dreams、Reflections*)

《原型与集体无意识》(*The Archetypes and the collective unconscious*,《荣格文集》第5卷)

《象征生活》(*The symbolic life*,《荣格文集》第9卷)

《心理学与炼金术》(*Psychology and Alchemy*,《荣格文集》第12卷)

荣格：
阴影与自我

（瑞士）荣格 著
陈东曦 译

图书在版编目（CIP）数据

荣格：阴影与自我 /（瑞士）荣格著；陈东曦编译. -- 北京：北京联合出版公司, 2024.3
ISBN 978-7-5596-7415-9

Ⅰ.①荣… Ⅱ.①荣… ②陈… Ⅲ.①人性论 Ⅳ.① B82-061

中国国家版本馆 CIP 数据核字 (2024) 第 041778 号

出 品 人	赵红仕
选题策划	联合天际
责任编辑	高霁月
美术编辑	程 阁　梁全新
封面设计	tarou

出　　版	北京联合出版公司 北京市西城区德外大街 83 号楼 9 层 100088
发　　行	未读（天津）文化传媒有限公司
印　　刷	大厂回族自治县德诚印务有限公司
经　　销	新华书店
字　　数	50 千字
开　　本	787 毫米 × 1092 毫米　1/32　4.25 印张
版　　次	2024 年 3 月第 1 版　2024 年 3 月第 1 次印刷
I S B N	978-7-5596-7415-9
定　　价	45.00 元

关注未读好书

客服咨询

本书若有质量问题，请与本公司图书销售中心联系调换
电话：(010) 52435752

未经书面许可，不得以任何方式
转载、复制、翻印本书部分或全部内容
版权所有，侵权必究